后浪出版公司

量子的
神秘世界

[法] 蒂博·达穆尔 编 [比] 马蒂厄·布尔尼亚 绘

张能玥 译

广东旅游出版社
GUANGDONG TRAVEL & TOURISM PRESS

中国·广州

图书在版编目（CIP）数据

量子的神秘世界 /（法）蒂博·达穆尔编；（比）马
蒂厄·布尔尼亚绘；张能玥译. — 广州：广东旅游出
版社，2020.8（2020.11 重印）
　ISBN 978-7-5570-2243-3

Ⅰ.①量… Ⅱ.①蒂… ②马… ③张… Ⅲ.①量子力
学—普及读物 Ⅳ.① O413.1-49

中国版本图书馆 CIP 数据核字 (2020) 第 088281 号

Mystère du monde quantique (Le) 0 – Mystère du monde quantique (Le)
© DARGAUD 2016, by Burniat (Mathieu), Damour (Thibault)
www.dargaud.com

本作品简体中文版由 **DARGAUD** DARGAUD GROUPE (SHANGHAI) CO., LTD. 欧漫达高文化传媒（上海）有限公司 授权出版
本书中文简体版权归属于银杏树下（北京）图书有限责任公司

版权登记号 图字 19-2020-101

出 版 人：刘志松
绘　 者：〔比〕马蒂厄·布尔尼亚
校　 对：后浪漫
责任编辑：方银萍
责任校对：李瑞苑
责任技编：冼志良
装帧制造：墨白空间·黄　海

编　 者：〔法〕蒂博·达穆尔
译　 者：张能玥
选题策划：后浪出版公司
出版统筹：吴兴元
特约编辑：蒋潇潇
营销推广：ONEBOOK

量子的神秘世界
LIANGZI DE SHENMI SHIJIE

广东旅游出版社出版发行
（广州市越秀区环市东路338号银政大厦西楼12楼 ）
邮编：510060
印刷：北京盛通印刷股份有限公司
字数：85千字
版次：2020年11月第1版第2次印刷

开本：787毫米×1092毫米　　　　16开
印张：10
定价：72.00元

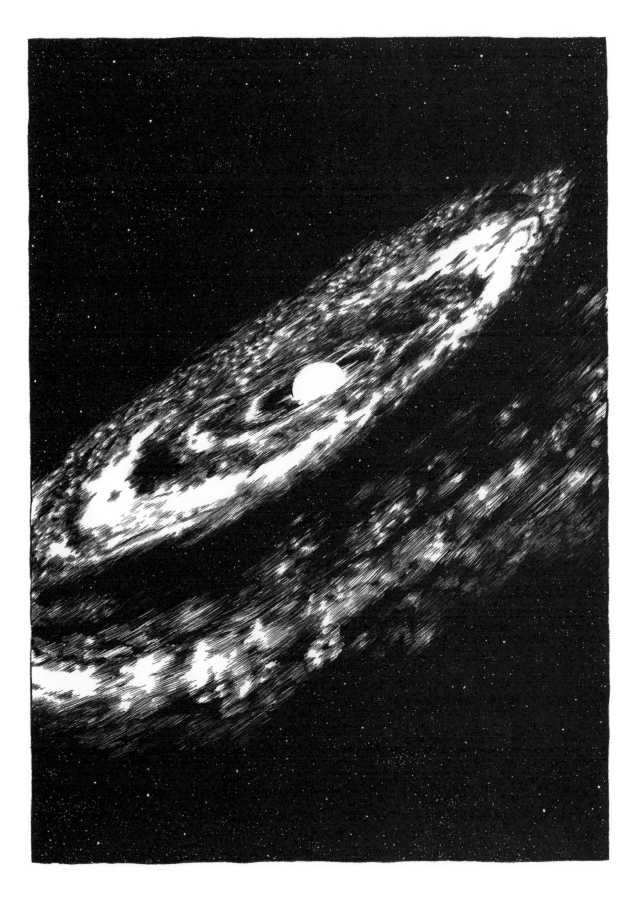

1 欧空局（ESA）全称欧洲空间局，是由欧洲各国联合成立的宇宙空间探索组织。

量子世界的奥秘
寻找迷失的真相

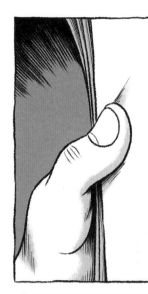

量子理论描述了原子的世界，这个世界由电子、质子、光子和其他粒子共同构成。一个多世纪前科学家们创立的量子论，至今仍充满未解之谜，它使微观世界呈现出人意料的物理特性，例如量子纠缠和与现实生活相互矛盾的叠加原理等等！我们看待宏观世界的方式早已根深蒂固，而量子理论的出现却使之受到质疑。第25届索尔维会议将在布鲁塞尔大都会酒店召开，届时众多国际知名科学家将群星聚首，共同深入探讨量子物理领域的最新进展。

物理学界的第五届索尔维会议
与会者合影（1927年）

哎呀！竟然还有张研讨会的邀请函！

这……这背后是你在搞鬼吧？

挤眼

既然如此……现在出发，目的地大都会酒店！

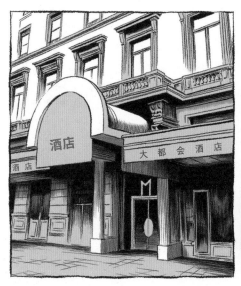

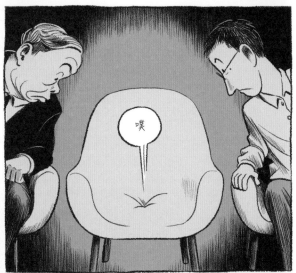

给您！什么风把您吹来了，mein Herr[1]？

我本来在旁听一场量子物理学研讨会，结果，嗯……就两眼一抹黑。

一点不奇怪！大部分物理学家本身也云里雾里！

啊哟！看来我是上贼船了！

说起来，您遇上我真是运气不错。

我叫马克斯·普朗克

嗯……鲍勃。

量子物理学的大门就是我无意中推开的。

真的吗？！

嗯……因为 1900 年我发现了一个基本常数……

一个"常数"？

就是……在自然法则里恒定不变的物理量。

1 德语：这位先生。

在我之前，人们只找到两个这样的基本常数……

一个是牛顿发现的，计算两个物体间引力大小的常数。

重力常数 G。

另一个则是光在真空中的传播速度。

常数 c。

第三个就是我的发现，我管它叫"h"！

这个常数 h 在自然法则里代表什么呢？

唔……怎么说……到这一步，我也不清楚它的含义……

不过我可以告诉您，这堆火炭之所以是红色的，都是因为 h 的值。

我举个例子，您就能更直观地了解它的重要性……如果 h 的数值缩小一点……

我们二人此时已经被紫外线和伽马射线烤焦了。

那但愿 h 的值保持住别乱变！

您放心，这是个恒量。

数值永远是 0.0000000000000000000000000066cm²g/s（平方厘米克每秒）。

那么小！

物理学里大小都是相对的。

您怎么发现这个常数的？

我当年的研究主要为了解释为什么火是红色，太阳是黄色。

跟温度有关，对吗？

正是。比如这堆火炭，温度大概在 800℃，发出的大部分光线的频率对应红色光波……

而温度高达 5500℃ 的太阳看上去则是黄的。

低频率 ←

→ 高频率

19

这些都是您发现的?

那倒不是!在我之前,已经有一些关于热能分布与频率之间关系的理论,也有部分实验结果给出了近似的结论。

不过,我们怎么会满意只有近似和不完整结果的理论……

这驱使我建立关于这种热能分布法则的完备理论体系。

可是……这样的运算一定很复杂!

因为想算清楚,就必须知道每块炭的构成,还有炭与炭之间的距离……

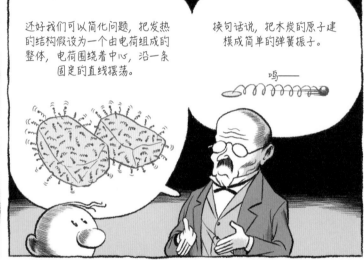

还好我们可以简化问题,把发热的结构假设为一个由电荷组成的整体,电荷围绕着中心,沿一条固定的直线摆荡。

换句话说,把木炭的原子建模成简单的弹簧振子。

呜——

所谓的弹簧振子模型,想象一个固定在弹簧上的小球,

我这样一拉就对它施加了一定的能量。

一旦松手,小球就会根据接收的能量,做出不同幅度的摆动。

嗖——

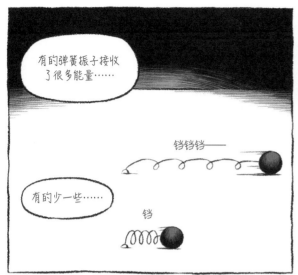

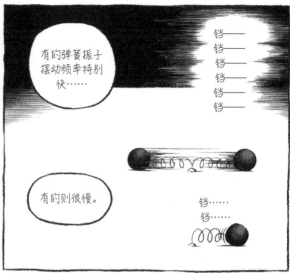

这样吧，想象一张桌子前坐了十个快乐的小小孩，代表我们的振子。

他们迫不及待想吃普朗克叔叔摊的薄饼。

这袋糖粉就是物质能量的总和。

我得把糖分配给这十个小家伙。

问题的麻烦之处在于，我得数清楚总共有多少种可能的分配方式……

第一种

你可以得51.04克……　给你2.78克……　你得160.9克……　0.004克……　75.33克　300.02克　12.72克　40.48克　89.75克　1.46克

第二种

0.034　437.08　15.53　4.102　39.13　138.84　3.657　70.97　1.508　15.96

等等

22.77　0.837　160.92　37.112　0.091　52.48　16.286　3.07　6.095　40.00

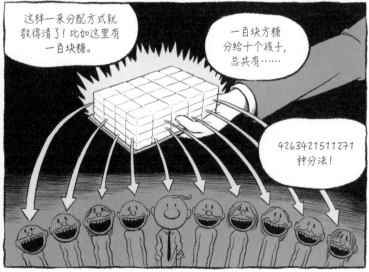

我要是没理解错……

您为了简化研究，假设发热物质由一大堆弹簧振子组成……

为了让计算可行，又假设这些振子获得的能量并非任意数值，也就是说……

它们要么这样摆动……

1hf

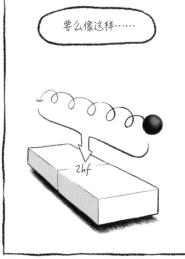

要么像这样……

2hf

但绝不会这样……

1.472hf

正是如此！

虽然我不认为原子真的像弹簧振子一样，只能获得不同层级的能量……

但我演算得到的结果与实验观察的结论一致！

这多亏引入了h！

比如秋千，
就是一种摆动装置！

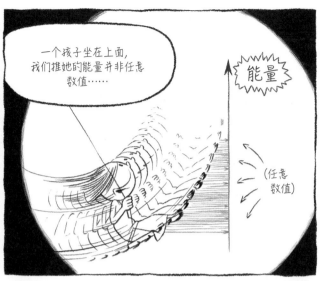

一个孩子坐在上面，
我们推她的能量并非任意
数值……

能量

(任意
数值)

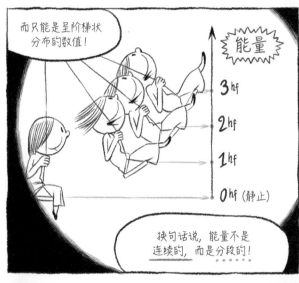

而只能是呈阶梯状
分布的数值！

能量

3hf

2hf

1hf

0hf (静止)

换句话说，能量不是
连续的，而是分段的！

您的意思是，我们
荡秋千时，不可能
荡到随意的高度？

没错。不过只靠肉眼，
我们无法在宏观的
振荡装置上观察到这种
现象！

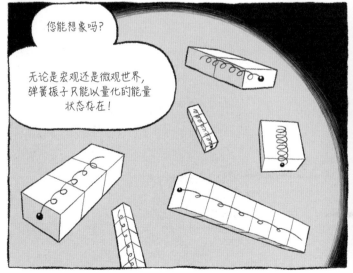

您能想象吗？

无论是宏观还是微观世界，
弹簧振子只能以量化的能量
状态存在！

我现在明白"量子"这词
从哪儿来了……

您觉得普朗克还有别的成见？

没错……

普朗克和大多数物理学家一样，坚定地认为光只是在空间中传播的一种连续波。

某些实验也确实证明了这一点……

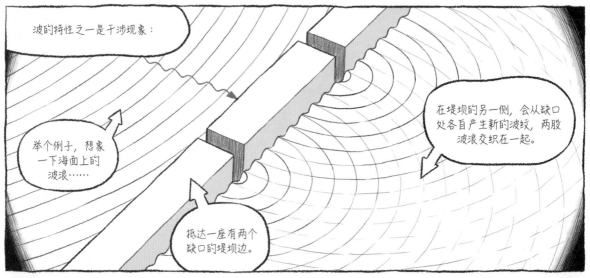

波的特性之一是干涉现象：

举个例子，想象一下海面上的波浪……

抵达一座有两个缺口的堤坝边。

在堤坝的另一侧，会从缺口处各自产生新的波纹，两股波浪交织在一起。

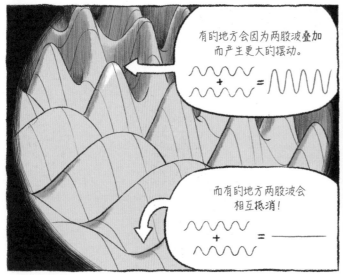

有的地方会因为两股波叠加而产生更大的摆动。

而有的地方两股波会相互抵消！

光也具有产生干涉现象的特点……

咔哒

容我向您介绍一位杰出的丹麦物理学家：尼尔斯·玻尔。

正是这位先生把普朗克常数 h 引入了原子结构。

您是说构成物质单位的"原子"？

正是如此！人们认为原子就像不可再分割的砖块，垒起来形成了物质。

我们能观察到原子吗？

不行，原子实在太小，因而描述它们的结构和状态很困难。

在玻尔之前，科学实验的结果只能让我们大致了解，不同质量的原子包含一定数量的电子和质子。

尼尔斯·玻尔有什么新发现？

1913 年，玻尔将目光转向了最基本的原子结构，只含有一个质子和一个电子的原子……

也就是氢原子。

37

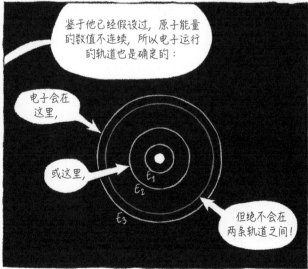

也就是说一个原子就像一个太阳系，电子沿着轨道围着原子核转？

只是这个说法不可能成立……

这样的模型完全不稳定！

因为如果电子绕一个环形轨道运转，那一定会像其他加速的带电粒子一样发光。

还会很快失去能量。

我们可以把电子想象成低轨道运行的卫星……

绕地球转动的同时不停受到大气摩擦，轨道高度逐渐降低，最终坠落回地球表面。

照这么说，原子到底什么样？

我们还不知道。

不过可以确定的是，玻尔对第一能量级轨道的描述能告诉我们某些关于原子大小的真相。

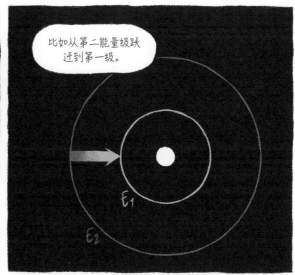

如果……如果您的表格记录的是可能性……岂不是说您在描述原子状态时，引入了偶然因素？

千真万确！

由于缺乏对原子状态改变的解释，我只能暂时当作是上帝在掷骰子！

您的表格本来就够抽象，说的还都是随机发生的事件！

是啊，可这是世界上第一个对原子能级跃迁的描述。

就算您觉得很奇怪，这个描述让我得以对光量子有进一步理解……

物质原子和光量子又有什么关系？

我已经知道，一个原子在光热辐射下，会发生不规则的运动……

45

46

非常感谢殿下拨冗解释您的杰作。

阁下不必多礼。

如果我想继续探索，能否请您引荐一位高人指路？

如此说来……有位年方23的德国奇才，在下有所耳闻……

此人有幸曾与玻尔、索末菲、玻恩等几位大家共事……

其名曰沃纳·海森堡。

上哪儿能找到他？

恐怕在下无能为力。

祝君好运！

咔啦

哎哟！怎么办？

h

54

海森堡为什么一个人待在荒岛上？

这个可怜人有严重的花粉过敏症，所以到寸花不开的黑尔戈兰岛吹吹海风正合适。

而且就是在岛上这段时间，他的量子物理学研究有了巨大突破！

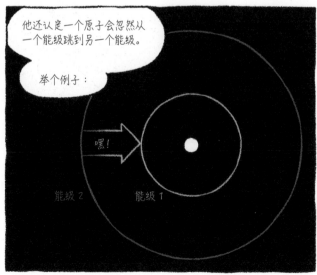

	A_{12}	A_{13}	A_{14}	A_{15}	A_{16}	A_{17}	A_{18}	A_{19}	A_{110}	A_{111}
		A_{23}	A_{24}					A_{29}	A_{210}	A_{211}
			A_{3}				A_{39}	A_{310}	A_{311}	
							A_{49}	A_{410}	A_{411}	
				A_{57}	A_{57}	A_{58}	A_{59}	A_{510}	A_{511}	
					A		A_{68}	A_{69}	A_{610}	A_{611}
							A_{78}	A_{79}	A_{710}	A_{711}
								A_{89}	A_{810}	A_{811}
									A_{910}	A_{911}
										A_{1011}

这张表格罗列了每秒原子所有能级跃迁发生的概率。

由于原子状态可能有无限多种，所以这张表格也无穷无尽。

在这基础上您做了什么？

玻尔说过，电子的经典物理描述与量子描述之间应该存在某种对应关系。

沿轨道运行

引入常数 h 及跃迁现象

所以我提出一个设想，当原子发生能级跃迁的奇妙现象时……

电子所有可能的位置和动量（二者恰好都是经典范畴的概念）……

也应该用无限的表格来描述！

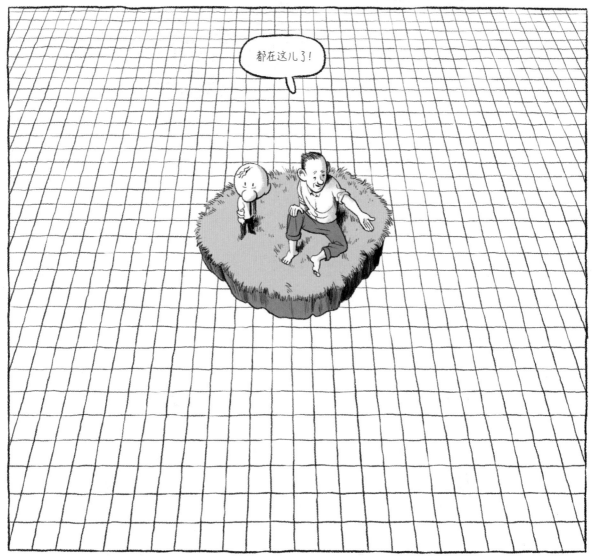

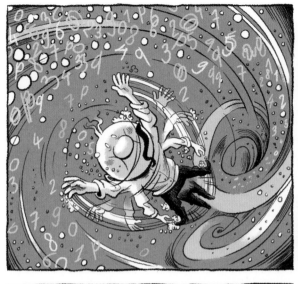

对。

再之后我的狗里克也不见了。

确切地说我以为它早就死了，还成了标本，可不知怎么回事，它居然死而复生了……

据它说那是"量子的魔力"。

您看，关于您的狗，我实在帮不上什么忙。

不过，关于您对量子世界的探索，本人倒能搭把手。

我听说了海森堡的新发现。我自己也是物理学家。

我叫埃尔温·薛定谔。

幸会。

您请宽心，本人也觉得那个数学表达很吓人。

啊？

即使他的数学计算结果都正确，海森堡却不愿意设想背后蕴含的重大意义。

照他的理论，无限小的原子世界既费解又抽象。

我决定从别的理论入手。

您找到更直观描述原子物理的方式了？

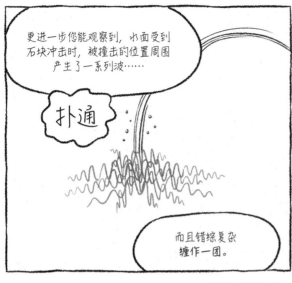

更进一步您能观察到，水面受到石块冲击时，被撞击的位置周围产生了一系列波……

扑通

而且错综复杂缠作一团。

是吗？可之后向我们靠近的波浪，我觉得都很有规律，非常整齐……

我想说的就是这一点……

整个波系统在传播过程中，变成了一连串的波纹，这些波纹结构扁平，由整齐的波峰组成。

这是因为水面受到石块撞击的地方看上去一团糟……

实质上很简单，只是无数个平面波纹叠加在一起。

您的观察结果如何能拓展德布罗意先生的论点？

这位天才先生建立了数学方程式，把物质平面波的波长与传播速度结合在一起……

您请看,这就是我为了记录与任意物质系统相结合的波的符号*。

您的意思是任意一种物质微粒,比如一个原子中的一个电子?

我起初是这样设想的……

但我很快便明白过来,不必单独把物质系统中的每个粒子分别与波ψ结合,只需将构成这个系统的所有粒子看作一个整体,与某一股波ψ相结合即可!

这下我彻底听不懂了。

举个例子:仅次于氢原子的简单粒子——氦原子!

氦原子有两个绕原子核"运行"的电子。

假如我们把氦原子的原子核简化为一个整体微粒……

那么氦原子就是包含三个微粒的系统。

*原注:字母ψ读作"普西"。

这种情况下，我们不必将不同的微粒与波——对应……

只须将所有粒子作为整体，考虑与其对应的一股波。

可是……这股波从何而来？

我把这股波叫作 ψ，它不但与时间相关，也取决于三个粒子同一时刻在空间内的位置变量。

妈呀！这波听上去真复杂！

还有呢！这不过是一个很简单的原子的情况！

多亏了神奇的 ψ 波，我得到了一个能描述量子物理的神奇方程！

您看……

$$i\frac{h}{2\pi}\frac{\partial}{\partial t}\psi=\hat{H}\psi$$

薛定谔的原子

原地摆动的波听上去和玻尔的电子绕核运行的模型完全没关系！

正是！我的模型能得到与海森堡的无限矩阵一致的结果，我最近证明了这一点！

这还不算完！用我的模型不但不用考虑随机的能级跃迁……

也不存在可以被定位的粒子！

靠我的方法，只用纯粹的连续波动来描述物质，就可以取代所有那些麻烦的概念！

可是……如果我没理解错……随机运动和偶然性都不存在了……

岂不是意味着我们又完全可以预测原子的反应了？

我确实希望能对量子物理做出决定性的解释。

不过还有很多内容需要证明。

比如说，我的理论目前只运用在物质上，我还得推导出一个适用于光量子的公式。

而且，我承认与同时代的许多同僚意见相左……

这样说来……

我正好与其中几位有约，准备与他们当面辩一辩量子物理对现实世界有何意义……

想必场面会很激烈！您有兴趣和我一起去吗？

非常乐意！

完美，我们出发吧！

哦？

哦，看呀！

是里克！是我的狗！

里克？喂！里克！

鲍勃？

哈哈哈！

快！咱们得把气球降下去！

那不行！科学探索的征途没有回头路。

举例来说，我注意到在电子与原子核碰撞的问题上，薛定谔的观点是这样的……

这个小球代表我们的电子。

那个大球代表原子核。

根据经典物理理论，我只需要知道电子的初始路径以及获得的速度，

就足以计算两个粒子相撞时会发生什么。

嗒

嚯！和我预料的一样！

干得漂亮！[1]

可是……据我目前所知，电子和台球不一样，不是经典物理所说的物体，而更像是……本质不明的什么玩意！

非常中肯！我们可以谈到薛定谔的观点，把粒子性的电子看作一个扩散开来的波……

1 原文为德语。

那代表原子核的大球……难道不需要也换成一个波吗?

我以为薛定谔的意思是,如果把多个粒子看作一个相互作用的整体,会让函数Ψ的含义变得极度复杂。

他挺机灵!

确实如此,只是原子核比电子重数千倍,所以我这里把它作为"经典"球体来处理,不做量子描述。

薛定谔,轮到您了。

嗒

呜滋滋滋滋滋滋滋滋滋滋

所以我认为薛定谔的理论说不通……

他所描述的电子在原子内部波动，只考虑到了驻波的情况。

电子

可是他没有考虑到电子在运动状态下，会显示出微粒性。

哔

且慢，您并不反对薛定谔的方程……

您只是不同意方程创作者对方程的解释？

就是认为物质纯粹是波？

正是如此。

那这个方程到底有什么现实意义？

说到底，方程描述的是一股波 ψ 对吧?!

要回答您的问题，就得从爱因斯坦的某个发现说起……

他研究光量子时，不止一次对我说，他认为波的作用仅限于引导量子。

说得不错……我曾说过，量子沿某条路径运行的概率由一个"幽灵场"决定。

所以在物质的问题上，我也把薛定谔的 ψ 波看作是类似的幽灵场……

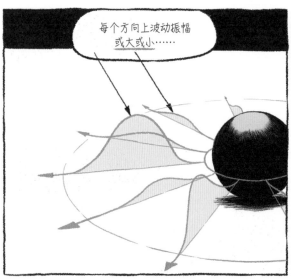

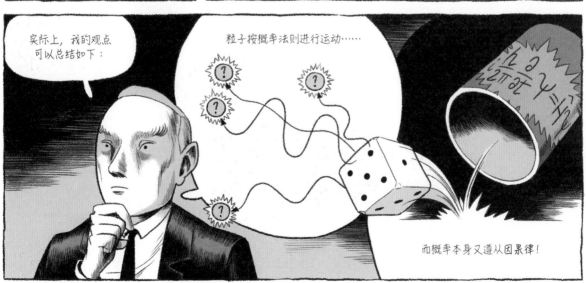

可是玻尔先生……

粒子形态的电子和波状的电子完全是两码事!

总得有个说法吧!

不!

在我看来,没必要找什么说法。

什么叫"没必要"?

要么在矛盾的观点中二选一,要么找到足以调和矛盾的机制!

我接受矛盾的二者同时成立!

这样一来就违背了千百年来的逻辑定律!

西方观念的逻辑!

好比说中国哲人,他们就觉得事物间相生相克,相辅相成,矛盾的其实相互补充!

对立即互补

我甚至觉得这种互补的思想比到底是波还是粒子的问题更具有普世性。

97

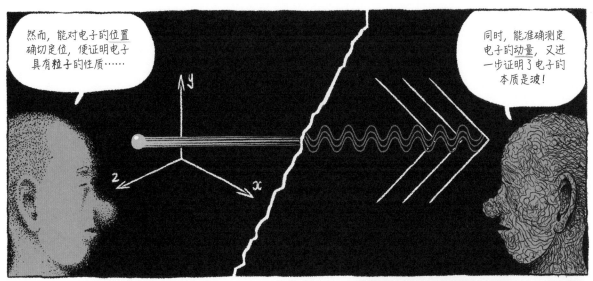

然而，能对电子的位置确切定位，便证明电子具有粒子的性质……

同时，能准确测定电子的动量，又进一步证明了电子的本质是波！

也就是说，越想观察电子的粒子属性，就越难以观察到电子的波属性！

反之亦然！

吸溜

呼哧……这对我理解原子内在真相完全没帮助。

我跟您说了：量子世界根本没有客观真相！

趁早放弃用类似空间、时间和因果关系这类词形容原子的世界吧！

只需研究测量仪器给出的实验结果就够了。

哎哟……那照您看来，量子理论对现实世界有何意义呢？

我也不知道……照我看，这个问题还极其神秘。

挠

我能清楚地意识到，薛定谔方程中蕴含着事实……

根据它做出的诸多实验结果证实了这一点！

然而，这个方程只给出了关于真相的不完整视角。

比如说对于宏观世界的物体而言，波函数 ψ 便完全不能做出明确描述。

除非有谁，比如一只老鼠盯着它们看！

难道被一只耗子看上一眼，宇宙就会发生剧变？

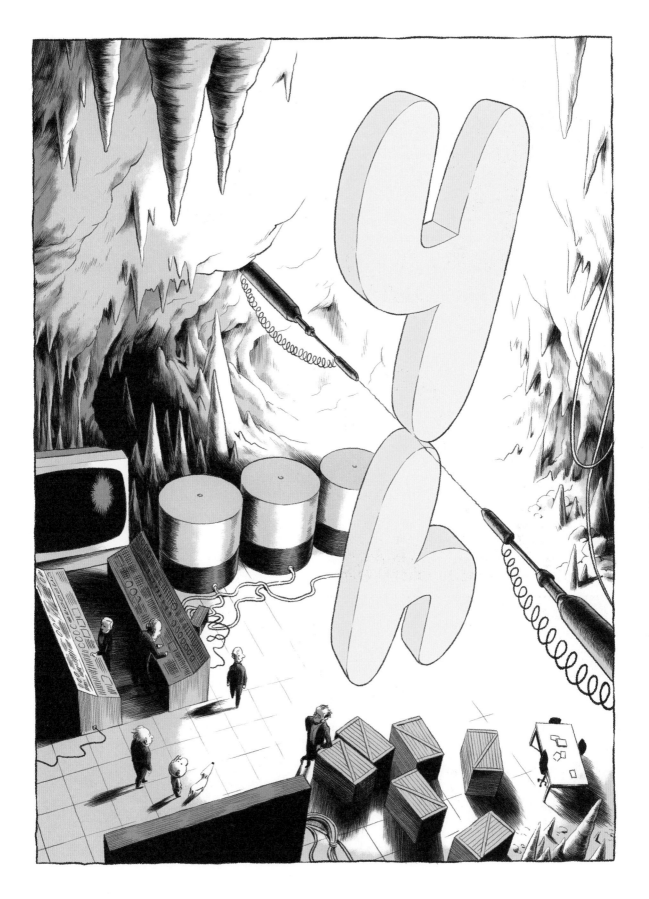

1 原文为德语。
2 原文为蹩脚德语。
3 原文为德语。

1 原文为英语。
2 原文为德语。
3 原文为蹩脚德语。

言之有理……那就来个时光旅行吧。

永远不能放弃找寻对世界的客观描述!

爱因斯坦先生?

但我很快便明白过来,不必单独把物质系统中的每个粒子分别与波φ结合,而只需将构成这个系统的所有粒子看作一个整体,与某一股波φ相结合即可!

难道被一只耗子看上一眼,宇宙就会发生剧变?

我认为不存在量子世界,只有量子现象,也就是观察结果而已。

111

您看……五分钟之后，一股波描述了原子发生衰变后的情形……

咳咳 啊呃呃

另一股波则显示了原子没有衰变的情况。

啊呃呃呃呃呃

哈……哈哈……

您的魔术棒极了，我觉得很震惊。

一个活里克，一个死里克……

我爱死了！

哪怕完全说不通！

薛定谔提出这个实验，正是想表明量子理论的描述多么荒谬。

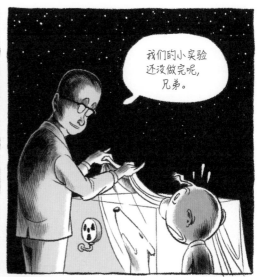

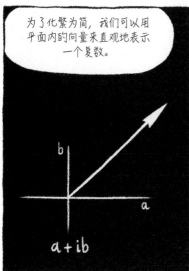

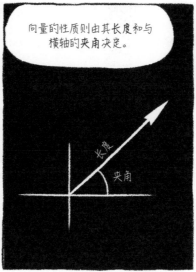

什么意思！
向量和颜色有什么
关系？

众所周知，不同色影
的色调渐变能形成
一个色轮······

我们可以用色调表示向量
的夹角。

绿

橙

而向量长度则可以用色影
的饱和度表示。

低饱和

高饱和

这跟量子物理有什么
关系？

波函数Ψ就是
一个复数！

这样一来我们就能用饱和度
不同的各种颜色表示每一个瞬间
的波函数！

说回里
克······

不要忘了，波函数Ψ
阐释了整个系统的量子
状态······

薛定谔确实解释过，
Ψ不描述单个粒子的
状态，而是所有粒子
构成的整体。

这种情况下，Ψ函数
不但描述了放射物质，
还有毒气、里克，以及
盒子里的空气······

且慢······只考虑一个电子
时，Ψ的值取决于时间和
电子在空间内的三个位置
坐标。

如果对象不止
一个电子，那Ψ的
值由什么决定？

116

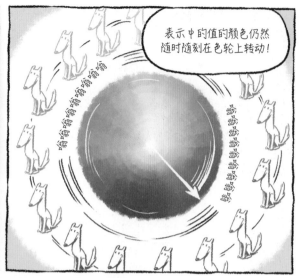

结果没什么变化！还是同时有两个里克！……

只不过这次颜色不一样罢了。

完全如此！现实就像在同一张胶片上被重叠在一起的不同影像，形成了一部电影。

蓝色的里克看上去颜色更饱和？

颜色的饱和度由该场景存在的可能性决定……

活里克的颜色更饱和，是因为我在放置放射性物质时，把原子五分钟之后不衰变的概率设为了三分之二。

WAAAAH

也就是说，活里克比死里克存在的可能性大。

很有意思吧？

就像不同的广播电塔发射出不同的波……

根据收音设备的设置，您每次只能收听到某个频道，不会意识到其他波段也充斥周围空间，与您正在收听的波段是相互叠加的。

如果我们让盖格计数器再运行一次呢？

活着的里克会再次分成两个。

可是……您描述的量子世界里……

照我猜测，不仅仅只有狗和毒气吧？

您说得有道理，鲍勃……我们都在这个盒子里……

呜 呜 呜 呜 呜 呜 呜 呜 呜 呜 呜 滋嘶嘶嘶嘶嘶

量子的世界无所不在！

呜 呜 呜 呜

等一下……如果你还活着，那就是说……

你全明白了，鲍勃！在某个版本的现实世界里，我已经被毒死了。

那个世界里的你应该正把着我的残骸恸哭。

这些都无足轻重：

量子世界是一个由许多不同的传统现实世界叠加而成的多重宇宙！

而这些现实世界之间几乎相互独立。

您是否记得……在面对量子物理问题时，马克斯·玻恩曾认为是自然在不同的可能性中做了随机选择。

所以，想知道电子碰撞原子核后的去向，只能限于观察实验结果。

哔

所以天意如此决定！

背景小知识

　　读者朋友们将在下面读到一些注解，用于补充说明本书内容。无论如何，如果仅仅是为了欣赏这部漫画，以下补充信息并不是非读不可的，但是它们可以起到解释本书内容的作用。

阿斯佩实验

　　阿兰·阿斯佩与他的同事菲利普·格朗吉耶、热拉尔·罗歇和让·达利巴尔在巴黎第十一大学完成的实验为我们理解量子世界做出了重大贡献，它证实了原本相互关联的粒子之间，在空间上被分离后，仍存在经典物理学无法解释的关联性。1935 年，阿尔伯特·爱因斯坦、鲍里斯·波多尔斯基和纳森·罗森指出，量子物理学存在的这种关联性有悖于相对论的经典物理学。1964 年，理论物理学家约翰·贝尔证明存在一种量子测量这种关联性的方法，即贝尔不等式。这个不等式在局部相互作用的经典物理体系中成立，但在量子物理体系中不成立，从而有力地说明了源于同一体系的子系统之间存在远距离的关联性，并将其具体化。

　　阿斯佩的实验测量的是在空间上被分离的两个光子的偏振态之间的关联性，光子在被发射出去时，它们的初始总角动量为零。这些实验推翻了贝尔不等式，符合量子论预想的结果，也就是说被分离的光子之间存在比定域实在论的经典描述更强的关联性。总而言之，阿斯佩的实验证明了量子现实的非定域性特征。参见**"量子纠缠"**。

尼尔斯·玻尔（Niels Bohr，1885—1962）

1913 年，玻尔提出了一个示意模型，用于量子化描述最简单的原子：氢原子。这个模型将电子沿圆形轨道环绕质子运行的经典物理描述与量子化公设相结合，量子化公设是指存在一组由量化的角动量决定的离散态，$L=rp=nh/2\pi$，其中 $n=1,2,3\cdots$；并且两种能级（假设 m 和 n）之间的跃迁会释放频率为 f_{mn} 的光波，按照普朗克-爱因斯坦公式可得出 f_{mn} 与能量差 $E_m - E_n$ 的关系式：$E_m - E_n=hf_{mn}$。这次奇特的公设组合推导出了一个明确的氢原子量化能级公式：

$$E_n = -\frac{1}{2}m\left(\frac{e^2}{\hbar}\right)^2\frac{1}{n^2}$$

其中，m 表示电子质量，e 为它的电荷，$\hbar \equiv h/2\pi$，它在数字上完美符合氢原子光谱。

玻尔的名字（与玻恩和海森堡的名字一道）与关于量子力学的"哥本哈根诠释"紧密相联。"哥本哈根诠释"（不同的科学家会给出不同的定义）是基于经典物理学与量子物理学的结合，并采用经典方法对量子对象的测量结果进行推测的概率诠释。在各种关于微观量子对象的可能成立的经典描述中（比如波粒二象性，海森堡于 1927 年提出的**不确定性原理**以定量的方式给出了这一特性），该诠释采用了玻尔于 1927 年提出的互补原理。1927 年 10 月的一天，玻尔在第五届索尔维会议上遇见了爱因斯坦，从此，他们二人展开了漫长的关于量子物理认识论的论战。

马克斯·玻恩（Max Born，1882—1970）

玻恩为量子物理学做出了几大重要贡献。他是最先认识到需要把经典力学（牛顿或相对论）替换成新"量子力学"的人物之一。1925 年 7 月 9 日，他年轻的前助手海森堡给他看一篇自己刚完成的论文，里面介绍了一种以无限表格描述原子力学的新方程式，玻恩意识到海森堡的无限表格就是数学家眼中的矩阵代数。同年，他与当时的年轻助手帕斯库尔·约尔丹以及海森堡本人共同发展出了完整版的量子力学，即矩阵力学。1926 年，在薛定谔构建了量子力学的第二种形式——波动力学之后，玻恩通过研究电子撞击原子核的过程，推导出电子的波函数 $\psi(x,y,z)$ 的模的平方应该可以得出电子在空间坐标 (x,y,z) 上出现的概率。玻恩总结出量子理论的概率诠释的精华，他这样写道："粒子运动遵循概率定律，而概率本身遵循因果律。"其中的"因果律"暗指薛定谔方程。

路易·德布罗意（Louis de Broglie，1892—1987）

德布罗意在 1924 年所写的博士答辩论文的主要思想是："将爱因斯坦于 1905 年发现的光子的波粒二象性运用到对所有粒子的描述上"。他将质量为 m、能量为 $E=mc^2 / \sqrt{1-v^2/c^2}$ 和动量为 $p=mv / \sqrt{1-v^2/c^2}$ 的一切粒子，与一个频率为 $f=E/h$、波长为 $\lambda=h/p$ 的波相结合。参见**"干涉现象"**。

薛定谔的猫

1935 年，薛定谔举出了一个例子来描述量子论所预言的情况，一个从经典力学的角度看十分荒谬的状况，他设想将一只活猫放入一个安装了致命装置的盒子中，猫的死活取决于一个小时后装置中的放射性原子会不会衰变。一小时之后，量子论用波函数 ψ 来描述这只猫的状态：$\psi = \psi_活 + \psi_死$，它将处于两种状态的叠加态，$\psi_活$ 波代表活着的猫，$\psi_死$ 波代表死了的猫。通过这个（顺便提出来的）例子，薛定谔想要论证的是，不可能将"量子不确定性"禁锢在微观世界。在同一篇文章中，薛定谔使用"纠缠"一词，描述了爱因斯坦、波多尔斯基和罗森之前设想的情形（EPR 佯谬）。

很长一段时间，"薛定谔的猫"都只是一个简单的思想实验，用于阐明量子论描述现实世界时的矛盾。1996 年，一支由塞尔日·阿罗什、让－米歇尔·雷蒙和米歇尔·布吕内领头的法国团队成功实现了"薛定谔的猫"的类型实验。他们的"猫"是一个被困在封闭空间的电磁场，其状态处于宏观上可见的两种相干叠加态。他们还观察到，在环境搅扰的作用下，这种叠加态很快就变得不相干了，宏观上看每种不同的状态都"各自为阵"，就好像它是唯一存在的状态。参见**"量子退相干"**。

普朗克常数：h

普朗克常数 h 由马克斯·普朗克在 1899 至 1900 年间引入物理学，他在对一个烤炉中的热辐射频率分配进行理论研究时提出了这个常数（参见**"黑体"**）。它的值为 $h=6.626070 \times 10^{-27}$erg s，其中 erg（$=1cm^2 g/s^2$）是国际通用的单位制式（厘米–克–秒）的能量单位。它常常被约化普朗克常数替代：$\hbar \equiv h/2\pi=1.0545718 \times 10^{-27}$erg s。普朗克常数体现了量子物理学的精髓。它在本质上匹配量子世界的一切方程式和物理定律：表示能量与频率关系的普朗克–爱因斯坦关系式 $E=hf$，表示动量与波长关系的德布罗意物质波公式 $p=h/\lambda$，表示位置与动量算符关系的海森堡的正则对易关系式 $\hat{q}\hat{p}-\hat{p}\hat{q}=i\hbar$，薛定谔方程，等等。而经典物理学则是在普朗克常数为 0 的极端情况下才成立。但是，值得注意的是，我们周围世界的结构极大地依赖于 h 的值（虽然小但并不为零）。参见**"量子世界与日常生活"**。

黑体

黑体是一个热力学术语，指一种可以吸收所有外来电磁辐射的理想物体。在现实中，想要人工模拟一个黑体，可以使用全封闭的烤箱内胆，并在上面戳一个小孔。任何光或电磁辐射穿过小孔进入烤箱内部后，会在内壁之间不断反弹，直至被全部吸收。当烤箱内胆被加热到某个温度 T（热力学温标，单位为开尔文，某温度值为 Tc 摄氏度相当于 Tc+273.15 开尔文）时，在内壁中以热辐射形式呈现的光与烤箱内壁（它持续吸收并重新释放出光）之间便达成一种平衡。1900 年 10 月，普朗克推测出用来描述光能在烤箱内部被加热至温度 T 后根据光谱（即颜色）重新分布的数学公式，但未对其进行论证。该公式被称为普朗克公式，它证实在每平方厘米和每赫兹频率中的热辐射能量为：

$$u_f = \frac{8\pi h}{c^3} f^3 \frac{1}{e^{hf/kT}-1}$$

其中，h 为普朗克常数，c 为光速（c=2.99792458×10^{10}cm/s），k 为玻尔兹曼常数（k=1.380649×10^{-16}erg/K），相当于 1 开尔文的能量。曲线 fu_f 表明每一级频率单位的能量值从 0（当 f=0）达到最高值（当 hf/kT=3.9207）后，随着 f 的持续升高又迅速下降为 0。热辐射这种围绕频率 f_{max}=3.9207kT/h 集中分布的特点解释了为什么我们的太阳（表面温度约 6000 开尔文）看起来是黄色的，而木炭的火（T 至 1000 开尔文）看起来偏红色（说明频率更低）。事实上，人眼观察到的颜色取决于被观察物体的光谱和视网膜对特定颜色的敏感度。但是请注意，在所有其他常数保持不变的情况下，如果把普朗克常数缩小 10 倍，那么木炭发出的火光将强烈数千倍，并且其频率的值将上升 10 倍（即远紫外线）。

量子宇宙学

宇宙学是一门研究整个宇宙的科学。

量子力学的"哥本哈根诠释"认为，我们周围物体组成的宏观世界仍旧由经典物理学来描述，谈论量子宇宙学似乎是一件很荒诞的事情。然而，有一部分科学家（休·艾弗雷特、布莱斯·德维特、斯蒂芬·霍金、阿列克谢·斯塔罗宾斯基、维亚切斯拉夫·穆哈诺夫）认为有必要统一爱因斯坦的广义相对论（宇宙学的主要理论）与量子论，于是致力于推演量子宇宙论。其中最著名的一条推论是由穆哈诺夫和根纳季·奇比索夫于 1981 年提出的，他们计算得出我们现在的宇宙结构起源于原初宇宙密度的量子涨落。例如，我们的银河系以及其中的数千亿颗恒星都起源于原初的量子涨落。许多研究者都沿着**休·艾弗雷特**开创的道路继续探索这一领域，因为这是为数不多的挖掘量子世界真相的道路之一。

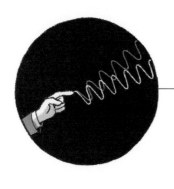

量子退相干

1970 年，迪特尔·策提出"量子退相干"的概念，随后从 1980 年代初开始，沃伊切赫·茹雷克、埃里克·约斯和迪特尔·策、默里·盖尔曼和詹姆斯·哈特尔等科学家不断完善他的这一观点。迪特尔的指导思想是阐明**艾弗雷特**关于量子论的观点，坚持认为被研究的物理系统（比如一个放射性原子和一只猫）与它所处的环境（比如盖革计数器、触发毒气释放装置、猫所在盒子中的空气，以及猫体内的微观结构）会产生联接作用。系统整体的**波函数**在最初时刻（时间为 0）为：Ψ^0 整体 $= \Psi$ 原子（未衰变）Ψ 猫（活的）Ψ 环境（初始的）。经过一段时间（相当于放射性原子生命周期的一半）后，根据**薛定谔方程**获得的系统整体波函数为：

Ψ^1 整体 $= \Psi$ 原子（未衰变）Ψ 猫（活的）Ψ 环境（原子未衰变）

$+ \Psi$ 原子（已衰变）Ψ 猫（死的）Ψ 环境（原子已衰变）

它体现的正是两种系统状态（相干）的线性叠加，但是迪特尔和他的后继者们主张的观点是，环境的波函数 Ψ 环境中含有太多变量，再加上两种环境之间的巨大差别（一个对应的是原子未裂变，另一个对应的是原子发生裂变），使得上述波函数 Ψ^1 整体的两个组成部分仿佛实际上在各自描述一个截然不同的世界（前一个里面的原子没有裂变且猫还活着，后一个的原子发生裂变且猫死了）。从数学上分析，在很大程度上（也就是说即使考虑与原子和猫相关的变量的动态影响，而排除"隐藏"在环境中的变量因素），波函数的这两个部分是互相正交的。最近的实验结果证明，正如在**"薛定谔的猫"**一节中所提及的，一个波函数中两个宏观可见的不同态会快速正交化，我们将之命名为量子退相干。

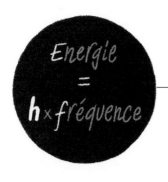

$E=hf$，默默无闻的方程

人人都知道（或自认为知道）爱因斯坦的质能方程 $E=mc^2$，它体现了能量与质量的关系（其中 c 表示光速）。相对而言，比质能方程更重要也更基础的方程 $E=hf$ 却显得默默无闻，它描述的是能量与频率的关系。普朗克是第一个（1900 年）提出类似 $\Delta E=hf$ 方程的人，对他而言，ΔE 的意义也许只是为了在形式上将能量分割成数值有限小的能量块，以便于计算一个频率为 f 的线性振动系统的熵，该系统以简化的形式描述了原子在一个烤箱内壁释放光的模型（参见**"黑体"**）。第一个给出 $E=hf$ 方程的物理学含义的科学家是爱因斯坦，他分别在 1905 年和 1906 年做出了相关解释。确切地说，他在 1905 年提出"光量子"的设想，认为光波由光粒子组成，每一个粒子都可被定位，其携带的能量为 $E=hf$。随后，他在 1906 年指出能量只能取某些不连续的值，成为第一个确认物质能量"量子化"的物理学家。事实上，他证明只有假设烤箱内弹簧振子的能量为一组不连续的值（0，hf，$2hf$，$3hf$……）时，普朗克在 1900 年提出的"**黑体**定律"才能在统计物理学的经典定律中成立。

值得一提的是，德布罗意曾将 $E=hf$ 方程应用在自由的物质微观粒子的总质量-能量关系式中，这个方程也是薛定谔方程的框架。

阿尔伯特·爱因斯坦（Albert Einstein，1879—1955）

爱因斯坦为世人熟知的贡献是提出狭义相对论和广义相对论，但是我们别忘了，马克斯·玻恩曾经如是评价他："即使相对论跟他没有一丁点儿关系，也不妨碍他成为有史以来最伟大的一位理论物理学家。"玻恩的心里显然很了解爱因斯坦为量子力学所做的众多开创性的贡献。让我们快速地回顾一下。

1905 年，爱因斯坦提出革命性的理念，即光是由小能量块组成的（$E=hf$）。

1906 年 3 月，他证明一个物质弹簧振子的能量必须取量化的值：0，hf，$2hf$，$3hf$……

1906 年 11 月，他证明物质弹簧振子能量的量子化可以解释某些物体（特别是钻石）的"异常"热运动。

1916 年，（1）他证明每个被原子释放或吸收的光量子，在原子两个可能的能量级（假设 E_m 和 E_n）之间进行"量子转化"时，携带的不仅仅有能量 $E_m-E_n=hf_{mn}$，还有动量 $P_{mn}=hf_{mn}/c=h/\lambda_{mn}$；（2）爱因斯坦发现了一个新的量子过程：当一束频率为 f 的光打到一个原子上时，会促使该原子从较高的能量状态 E 转换到较低的能量状态 $E-hf$，同时释放

出一个能量为 hf、动量为 hf/c 的光量子，光量子的运动方向为入射光线的方向（这个被激发的能量释放过程就是激光的基本原理）；（3）他在量子力学中引入了随机性，并通过一些系数（A_{nm} 和 B_{nm}）的无限矩阵从数量上来描述这个随机性，后来海森堡、玻恩和约尔丹根据这些无限矩阵获得了量子力学的新发现。

1924 年，他（与德布罗意各自独立地）提出物质微粒具有波的属性；他介绍了物质微粒气体的量子统计方法；并且，他发现了一个纯量子级别的新物理现象，人们通常称之为"玻色－爱因斯坦凝聚"。

1927 年开始，爱因斯坦不再关注量子理论研究进展的细节。他始终不满意由玻恩、玻尔和海森堡给出的量子公式化的统计学诠释。他希望可以推导出现实世界的某种隐秘结构的量子概率，它应该是逻辑清晰的，并且与观察者无关。

1935 年，爱因斯坦、鲍里斯·波多尔斯基和纳森·罗森共同提出量子论中似乎存在某种"神奇"的东西：两个相互起作用的粒子（或系统），在被远距离分隔之后仍然保持着一种密切的"联系"，以至于当其中一个粒子被观察时，另一个也会即时做出反应。这种两个系统之间的远距离纠缠促进量子理论的大幅发展，并极有可能引发一场新的量子革命。

最终，爱因斯坦对量子理论做出的最后一次贡献是他于 1954 年 4 月在普林斯顿大学最后一期研讨会上提出的观点。参见**"爱因斯坦的小老鼠"**。

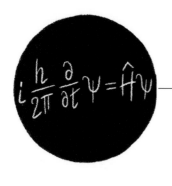

薛定谔方程

薛定谔方程本质上是将普朗克－爱因斯坦关系式 $E=hf$ 应用在随着时间为 t、空间坐标为 q 的波函数 $\psi(q,t)$ 的演化上。事实上，它可以被写成：

$$hf\hat{\psi} = \hat{E}\psi$$

其中，$\hat{f}$ 和 $\hat{E}$ 分别指代对波函数 ψ 所做的某些运算。作用于 ψ 的 $\hat{f}$ 指的是"算符" $\dfrac{i}{2\pi}\dfrac{\partial}{\partial t}$，其中虚数单位 i 是 -1 的平方根，$\partial/\partial t$ 是对时间的偏导数。之所以如此定义 $\hat{f}$，是因为它计算的是一个频率为 f 的单色波[即包含指数因子 $\exp(-2\pi i f t)$]，得出的就是 f 和被描述的波的乘积。运算 $\hat{E}$ 的由来，则是首先将被研究系统中的能量 E 用位置 q 和动量 p 的函数表达

出来：$E = H(p,q)$，然后将每个动量p替换成一个与对应位置q相关的求偏导数运算：$\hat{p} = -\frac{ih}{2\pi}\frac{\partial}{\partial q}$。$\hat{p}$计算的是一个波长为$\lambda$的平面前进波[即包含指数因子$\exp(+2\pi iq/\lambda)$]，得出的就是$h/\lambda$与被描述的波的乘积。正如德布罗意认为的那样，$h/\lambda$等于与波相联的粒子的动量$p$，我们可以推导出$\hat{p}\psi$等于乘积$p\psi$。因此，算子$\hat{E} = H(q,\hat{p})$作用在平面波上得到了乘积$E\psi$。简言之，我们可以说，薛定谔认为满足线性传导方程的任意的波应该可以被分解为很多的单色平波（傅里叶分解），并为分解出来的每个因素应用爱因斯坦–德布罗意的关系式$E = hf$和$p = h/\lambda$，从而得出了他的方程式。1925年12月底，薛定谔刚一发现这一方程式，就将它应用于氢原子[即只有一个电子，$q = (x,y,z)$，其能量等于它的动能$p^2/2m$与原子核引力能量$e^2/|q|$之和]。于是，他发现氢原子能量唯一可能出现的值正是**玻尔**模型推导出的那些启发性的值。

休·艾弗雷特（Hugh Everett，1930—1982）

休·艾弗雷特还是年轻的普林斯顿大学生时，曾经参加爱因斯坦的最后一期学术研讨会（参见**"爱因斯坦的小老鼠"**），并对爱因斯坦当时提出的观点感到大为吃惊，爱因斯坦认为量子理论似乎还不完备，它对宇宙的描述是晦涩难解的，为了能够实现"哥本哈根诠释"的拥护者所谓的"波包塌缩"，即从一个模糊的量子世界（用波函数 ψ 描述）过渡到一个我们周围可见的清晰世界（在那里猫要么死要么活，但不可能处于两种状态的叠加态），似乎必须存在一个活的观察者，即使那是一只小老鼠。几个月之后（1954 年秋），进入普林斯顿高等研究院的尼尔斯·玻尔召开了一个关于量子力学的讨论会，在这次会上，他断言他的互补原理可以解决波包塌缩的问题。在艾弗雷特看来，玻尔的断言似乎很荒诞。不久之后，在一场雪莉酒飘香的晚会中，休·艾弗雷特、查尔斯·米斯纳和奥格·彼得森（玻尔的年轻助手）在研究生院里展开了一场诠释量子理论的讨论。在对话的幽光之中，艾弗雷特第一次获得了他对量子世界的新看法，并阐述给他的朋友们"宇宙波函数"。这个想法的意思是，不存在波包塌缩，不存在从一个模糊的量子世界向一个清晰的经典世界的过渡，量子的现实真相就是全部由整个系统的波函数 $\psi_{总}$来定义，它不仅包含被观察的原子的子系统，还包含观测仪器和查看仪器数据的观察者，以及观察者脑中曾经储存过观察数据的记忆。艾弗雷特的理论（继布莱斯·德威特和迪特尔·策之后，他们是第一批严肃对待这个问题的人）通常被描述为"多重世界"理论。但艾弗雷特并不是这样描绘他的想法的。他至多说过那是"观察者的分裂"，他认为在对一个原子子系统进行测量后，波函数 $\psi_总$ 成为子波函数 $\psi_{局部}$ 的线性叠加态，子函数各自独立演变，并且分别描述了被称为"确定观察者"的感知和记忆。参见**"量子退相干"**。

在形成想法并开始进行数学推导后，艾弗雷特去见了约翰·惠勒，并请他指导他的博士论文。惠勒接受了。这对于艾弗雷特来说有好有坏。好处是，惠勒对于新想法非常开放，十分鼓励他的学生们自主思考。坏处是，惠勒无条件地欣赏玻尔和他的互补原理。最终，迫于惠勒的坚决提议，艾弗雷特没有发表他原本详细阐述其想法的长篇大作，而是写了一篇短得多（因而含糊得多）的论文，作为 1957 年的博士答辩论文，并在同年发表了出来。

尽管（或许也是由于）他的想法十分新颖，艾弗雷特的诠释在当时没有引起任何人的兴趣，除了几个拥护玻尔的物理学家提出来的批评（或背地里的攻击）。艾弗雷特所开辟的新大道的重要性，直到 1970 年代才开始获得重视，这尤其得益于布莱斯·德威特和迪特尔·策的研究工作。如今，根据一项最新的电子邮件调查显示，大部分研究**量子宇宙学**的理论物理学家均采用（有时自己调整）了艾弗雷特的诠释。然而，如果我们调查一个更广泛的科学家群体（理论家或实验者），他们从事量子物理或与之相关的工作，那么，愿意接受艾弗雷特宇宙波函数概念的人恐怕还是占少数。

波函数，ψ

当经典物理学描述一个物理系统时，会使用一定数量的坐标参数，比如说 q［此处的 q 包含一组变量。例如，对于一个有两个粒子的系统而言，q 代表六个变量：第一个粒子的三个空间坐标（x_1, y_1, z_1）和第二个粒子的三个空间坐标（x_2, y_2, z_2）］。在经典物理学中，系统随时间的演变，即 $q(t)$，是由某初始时刻（比如 $t=0$）的初始坐标值 q_0 和它们的初始速度 $\dot{q}_0$（即它们在初始时刻与时间相关的导数）所决定的。通常为了方便，人们会使用经典物理学的哈密顿公式，将其中的速度 $\dot{q}$ 替换成"共轭动量"p（对于一个非相对论粒子，$p = m\dot{q} = mv$即粒子的动量）。

量子物理学（在薛定谔方程中）用一种复合q和时间t的函数来描述这样一个相同的系统：$\psi(q,t)$，即系统的"波函数"。我们可以理解为，$\psi(q,t)$测量的是系统在以经典方式描述的坐标q内存在的概率幅。换言之，在经典物理中，一个系统在任何时刻都存在于一个精确且唯一的坐标$q(t)$中，而在量子世界里，一个系统在任何时刻都处于无限不同坐标的叠加态，每一个坐标q都与某个（复数）幅值$\psi(q,t)$相关联。在这本漫画中，作者采用套印几种不同色度和色调图像的手法（用复数$\psi = pe^{i\theta}$中的模p来决定色度，用它的相θ来得出色轮上的一个色调），来表现这种不同经典坐标的不可定位性。**薛定谔方程**给出了波函数$\psi(q,t)$随时间发生的变迁。

沃纳·海森堡（Werner Heisenberg，1901—1976）

1925年6月7日，年轻（23岁！）的沃纳·海森堡因为染上花粉症而离开哥廷根大学（他本来在那里给马克斯·玻恩当助手），来到了位于北海的黑尔戈兰岛，因为那里的空气中没有什么花粉。就在这座岛上，他发现了量子力学的第一个完整公式。受到之前与亨德里克·克拉莫一起做的研究（该研究又受到**爱因斯坦**无限表格A_{mn}, B_{mn}的启发）的启发，海森堡发现了一种新的量子动力学，维持一个描述电子位置q和动能p的经典动力学方程式不变，只是将经典变量q和p替换成两个无限表格：（元素q_{mn}的）$[q]$和（元素p_{mn}的）$[p]$。他使用一种物理学方法推导两个无限表格的乘积，并且发现$[q][p]$的积与$[p][q]$的积是不相等的，二者之间的差是一个无限表格，其中所有的元素都为零，除非当$m=n$时，元素的值为$ih/2\pi$（虚数i为-1的平方根）。7月初，海森堡带着这套难懂的矩阵力学回到哥廷根大学，然后与马克斯·玻恩和帕斯库尔·约尔丹共同发展了这套理论。

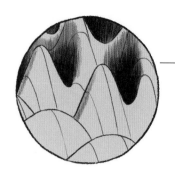

干涉现象

当两列频率相等、波长相同的前进波相遇时（例如一列光波穿过双缝后），两列波的叠加会产生一种完全的振荡，但在空间各处的振幅是不一样的。有的地方，两列波相叠加后被加强；有的地方，两列波相互削弱（甚至当两波振幅相等时会完全抵消）。这种通过在空间中叠加两列波形成的振幅变化就叫"干涉现象"。在经典物理学中，观察到这种现象，例如一列光波穿过双缝的情况，则被视作证明光是一种波的证据。在量子物理学中，如果我们看见电子一个一个地通过足够细的双缝，就会发现描述电子动力的（**德布罗意**）波函数 ψ 在穿过双缝之后得到的两个偏波函数将发生干涉。如此一来，双缝后面的空间中的概率幅（**艾弗雷特**），也就是（由**玻恩**提出、艾弗雷特进一步发展的）检测到电子的可能性，将会有很大的差异。1927 年，克林顿·戴维森和莱斯特·杰默观测到了电子的这种干涉现象，他们的实验结果促使路易·德布罗意获得 1929 年的诺贝尔物理学奖。

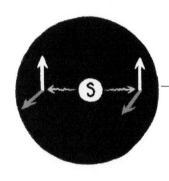

量子纠缠

量子纠缠是指两个（或更多个）量子物体之间不论分隔多远都存在关联性。从技术上来说，之所以存在这种关联，是因为量子理论在描述一个由 $A+B$ 构成的体系时，只使用一个波函数 $\psi(q_A, q_B)$，该函数的值取决于物体 A 和物体 B 的坐标参数。除非在一种特殊的情况下，即总函数 $\psi(q_A, q_B)$ 可以被写成一个描述 A 的仅依赖于变量 q_A 的函数与另一个描述 B 的仅依赖于变量 q_B 的函数的乘积，否则依据总波函数 $\psi(q_A, q_B, t)$ 所做的预测，在 t 时刻对 A 的观察会实时影响在同一时刻对 B 的观察。即使子系统 A 和 B 被分开很远的距离，这种关联性依然存在。爱因斯坦、波多尔斯基和罗森在 1935 年就发现了量子存在纠缠现象。第一个具有十足说服力证明这种量子纠缠确实存在的实验是**阿斯佩实验**，在他的实验条件下，量子纠缠所产生的关联性是任何经典定域性理论都无法解释的。

量子世界与日常生活

与狭义相对论和广义相对论一样，量子力学是我们当今理解自然法则的根基之一。最新的实验室和宇宙学研究表明，量子理论对于现实的描述，不仅仅关乎原子级别，它还涉及宏观物体，甚至整个宇宙本身。量子力学是我们周围自然世界运转的核心：太阳的聚变反应、燃烧的木头中木炭的红色、我们坐的椅子的坚固程度、往火焰中撒一点儿盐所形成的特有的黄色（它照亮我们的城市和道路），等等。

构筑现代社会的大量科技产品也得益于对量子力学的应用：激光（应用于 CD、DVD、互联网的光纤放大器……）、微处理器（应用于电脑、智能手机、互联网……）、原子钟（应用于 GPS……）、核磁共振成像，等等。量子物理学也是一切化学的基础。化学不仅塑造了我们的日常生活，还是生命存在的根基（特别是它提供了解码 DNA 分子的可能性和稳定性）。甚至有人建议说，量子世界的内在属性，即不同经典现实的相干叠加态，在几个生物学结构中发挥了重要作用：光合作用感受器、迁徙鸟类的磁感受器……

多重宇宙

"多重宇宙"一词有多种含义。有时，它指**休·艾弗雷特**所说的"多重量子世界"，即整个宇宙的**波函数**所描述的量子世界的多重性。但它也指从某些类型的宇宙最初暴胀（亚历山大·维连金于 1983 年发现了"永恒暴胀"机制）中诞生的轻微（或完全）不同的局部宇宙的多重性。

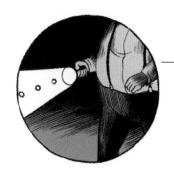

光子

　　光子是现代人给爱因斯坦在 1905 年提出的"光量子"取的名字。因此，它指的是与电磁场相结合的量子微粒。它的能量和动量分别由 $E=hf$ 和 $p=hf/c=h/\lambda$ 得出，其中 f 为光波的频率，$\lambda=c/f$ 为波长。一个光子的（相对论意义上的）"静质量" [即 $(E/c^2)^2-(p/c)^2$ 的平方根] 等于零。

马克斯·普朗克（Max Plank，1858—1947）

　　马克斯·普朗克因为在 1899 年至 1900 年间发现了常数 h 而成为量子理论的鼻祖，常数 h 也以他的名字命名（参见"**普朗克常数**"）。为了给黑体材料建模，普朗克使用了线性弹簧振子，在发现常数 h 的时候，他也许并不清楚它对弹簧振子的真正的物理学意义为何。事实上，他最初使用 $\Delta E=hf$ 作为一种数学手法，以便计算出（像路德维希·玻尔兹曼所做的那样）将所有相同频率的弹簧振子的总能量进行重新分配可能有多少种分配方式。不过，在发现这个新的通用常数 h 之初，普朗克就已经清楚地意识到（正如当初他对儿子所说的）"这是一个极其重大的发现，也许只有牛顿的伟大发现能与其媲美"。从 1900 年到 1913 年，普朗克试着深化常数 h 的意义。他特别强调 h 具有物理学中所谓的"作用力"的量纲（通过能量乘以时间间隔，或动量乘以空间位移，然后在时间间隔或空间位移中求和而得）。h 作为作用力定量，在后来的量子物理学研究中发挥了重要作用，特别是给路易·德布罗意、保罗·狄拉克和理查德·费曼带来了很大启发。

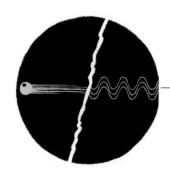

不确定性原理（或测不准原理）

　　1927 年，与玻尔一起在哥本哈根的海森堡回忆起爱因斯坦的一个建议，突然意识到他的表格乘积之差 $[q][p]-[p][q]$（在薛定谔的公式中变为 $q\hat{p}-\hat{p}q$，在前面的"**薛定谔方程**"一节中有关于运算 $\hat{p}$ 的介绍）

为何不等于零（实际等于 $ih/2\pi$），并由此得出关于同时测量粒子位置和动能的不确定性原理（或测不准原理）。这个原理是关于不确定程度 Δq 和 Δp 的，我们可以用它们分别测量位置 q 和动量 p，它们的乘积 $\Delta q \Delta p$ 必定大于 $h/4\pi$。玻尔建议用更准确的数学方法来诠释海森堡的结论，于是提出了量子物体的粒子性（q）与波动性（$p=h/\lambda$）的互补原理。

埃尔温·薛定谔（Erwin Schrödinger，1887—1961）

1925 年末，薛定谔受到爱因斯坦和德布罗意关于完美气体的量子描述（即混合波粒二象性）的启发，同时不满足于海森堡、玻恩和约尔丹刚刚提出的过分抽象的矩阵力学，想到了继续研究德布罗意开拓的方向，写出一个偏导数方程，用以描述一个被称为 $\psi(q,t)$ 的波经过一段时间在测量系统的坐标空间中的传播路径（参见"薛定谔方程"）。1926 年初，他密集地发表了一批论文，阐述了他的方程式所能得出的许多主要的结果。他也证明了他的"波动力学"与海森堡、玻恩和约尔丹的"矩阵力学"是等价的。但他同时注意到一个奇怪的现象：波函数 $\psi(q,t)$ 并不是用几个相互分离的、在三维空间正常传播的波来描述一个拥有几个量子微粒的整体，而是用一个唯一的波在一个抽象空间中的传播来描述，这个抽象空间是由所有被测量粒子在同一时间的坐标参数构成的。

薛定谔终其一生都对波函数这个描述现实的奇怪特点感到不满。和爱因斯坦一样，他认为"海森堡-玻尔的安慰剂哲学"，即量子理论的"哥本哈根诠释"，并没有解决关于量子现实的合理疑问，这些问题仍然悬而未决。参见**"薛定谔的猫"**。

索尔维会议

索尔维会议是一个科学讨论会，它召集某个领域最优秀的专家共同讨论和解决该领域最棘手的问题。第一届索尔维会议于 1911 年 11 月 3 日在布鲁塞尔大都会酒店召开，主题是"辐射与量子理论"。会议主席是亨德里克·洛伦兹，这是爱因斯坦出席的第一个国际性会议。量子力学史上最引人注目的一届索尔维会议当属1927年的会议，它汇聚了量子世界所有的先锋物理学家：从普朗克到海森堡，特别是还有爱因斯坦、玻尔、玻恩、德布罗意、薛定谔、狄拉克和泡利。玻尔与爱因斯坦在这次大会上的争论在随后引起了广泛关注。

索尔维会议（仍然在大都会酒店召开）在索尔维国际研究所的支持下和马克·埃诺的领导下依旧推动着物理学、天体物理学和化学尖端研究课题的发展。2011年，第25届索尔维会议讨论的主题是"量子世界理论"。我们的主人公鲍勃参加的就是这一届会议。

爱因斯坦的小老鼠

1954年4月14日，在普林斯顿的校园中，爱因斯坦为六十来位学生和几位教师召开了他人生中最后一场研讨会。他论述的主题涉及量子理论。爱因斯坦解释了他为什么认为该理论不是问题的终极答案。他提醒大家注意，概率是由他本人引入量子物理学的，但他对于波函数的物理意义并不满意。他以一个在盒中移动的、直径为一毫米的珠子为例，波函数对于珠子在盒中的位置给出了（如果我们等得足够久的话）一个模糊的量子描述，可是根据日常经验，我们总能在一个精确的位置看到珠子。然后，他说出了这句评论："难以相信这种描述是完备的。它似乎让世界变得晦涩难解，除非有人，比如一只小老鼠，正在看这个世界。一只小老鼠的目光能够彻底改变宇宙，这听起来可信吗？"

爱因斯坦这句形象化的比喻深深击中了年轻的休·艾弗雷特的心，他受到朋友查尔斯·米斯纳的邀请，当时也在爱因斯坦讲座的现场。他在他的长版博士论文中引用了这句话，并以评论的形式在他的理论中补充道"并不是系统因为被观察而改变，而是观察者变得与系统相关联了"，并且"小老鼠没有改变宇宙——被改变（被影响）的只有小老鼠而已"。

马蒂厄·布尔尼亚在此特别感谢热罗姆·罗洛为他打开了物理世界的大门。他还想感谢艾玛、尼古拉、安娜、安托尼奥和柏杜安，谢谢他们的鼎力支持。

蒂博·达穆尔感谢布莱斯·德维特、斯拉法·穆哈诺夫、迪特尔·策为量子世界的多样化提出了启发性的见解。他同时感谢查尔斯·米斯纳和黑尔·特罗特提供了关于休·艾弗雷特的（第一手）宝贵资料。

两位作者衷心地感谢波琳娜·梅尔梅以及达高出版社的全体成员，感谢他们热情支持本次量子世界的奇妙探险。